AVIS.

L'opuscule que j'ai intitulé : *l'Indispensable du Distillateur*, a trouvé des critiques lors de son apparition. Quelques personnes ennemies de toute amélioration, et notamment quelques brûleurs routiniers, les uns par jalousie, les autres par égoïsme, se sont efforcés d'en arrèter la propagation, soit en contestant son utilité, soit en mettant en doute son exactitude.

J'aurais dédaigné toutes les manœuvres que la jalousie a employées, si je n'avais pas cru que mon ouvrage était incomplet, et que la meilleure réponse à faire à ces détracteurs était de mettre un chacun à portée d'en vérifier l'exactitude.

Dès lors j'ai fait un autre travail que je livre au public sous le nom de *Boussole du Distillateur*.

On trouvera dans la 1.re colonne le rendement des vins suivant l'ancien système; dans la 2.me, le rendement des mèmes vins au système nouveau; dans la 3.me, la quantité d'hectolitres qu'il faudra de ce vin pour fabriquer 600 lit. 5/6; et dans la 4.me, le nombre d'hectolitres de ce vin pour faire 600 lit. 3/6.

En ayant sous les yeux *l'Indispensable* et

RENDEMENT DES VINS.		QUANTITÉ DE VINS qu'il			
SYSTÈME		FAUT POUR FAIRE			
ancien.	nouveau en litres 3/6 par hect. vin.	une pièce de 6 hectol. 5/6.		une pièce de 6 hectol. 3/6.	
145	8$^{lit.}$ 05^c	51^h	76^l	74^h	48^l
146	8 11	51	41	73	97
147	8 16	51	06	73	47
148	8 22	50	71	72	97
149	8 27	50	37	72	48
150	8 33	50	04	72	
151	8 38	49	70	71	52
152	8 44	49	38	71	05
153	8 50	49	06	70	59
154	8 55	48	74	70	13
155	8 61	48	42	69	68
156	8 66	48	11	69	23
157	8 72	47	81	68	79
158	8 77	47	50	68	35
159	8 83	47	20	67	92
160	8 88	46	91	67	50
161	8 94	46	62	67	08
162	9	46	33	66	66
163	9 05	46	04	66	25
164	9 11	45	76	65	85
165	9 16	45	48	65	45
166	9 22	45	21	65	06
167	9 27	44	94	64	67
168	9 33	44	68	64	29
169	9 38	44	42	63	91

RENDEMENT DES VINS.		QUANTITÉ DE VINS qu'il	
		FAUT POUR FAIRE	
SYSTÈME			
ancien	nouveau en litres 3/6 par hect. vin.	une pièce de 6 hectol. 5/6.	une pièce de 6 hectol. 3/6.
170	9$^{lit.}$ 44$^{c.}$	44$^{h.}$ 15$^{l.}$	63$^{h.}$ 53$^{l.}$
171	9 50	43 89	63 16
172	9 55	43 64	62 79
173	9 61	43 39	62 43
174	9 66	43 14	62 07
175	9 72	42 89	61 71
176	9 77	42 64	61 36
177	9 83	42 40	61 01
178	9 88	42 16	60 67
179	9 94	41 93	60 33
180	10	41 70	60
181	10 05	41 47	59 67
182	10 11	41 24	59 34
183	10 16	41 01	59 01
184	10 22	40 79	58 69
185	10 27	40 57	58 37
186	10 33	40 35	58 06
187	10 38	40 14	57 75
188	10 44	39 92	57 44
189	10 50	39 71	57 14
190	10 55	39 50	56 84
191	10 61	39 29	56 54
192	10 66	39 09	56 25
193	10 72	38 89	55 96
194	10 77	38 69	55 67

RENDEMENT DES VINS.		QUANTITÉ DE VINS qu'il	
SYSTÈME		FAUT POUR FAIRE	
ancien.	nouveau en litres 3/6 par hect. vin.	une pièce de 6 hectol. 5/6.	une pièce de 6 hectol. 3/6.
195	10 lit. 83 c.	38 h. 49 l.	55 h. 38 l.
196	10 88	38 29	55 10
197	10 94	38 10	54 82
198	11	37 91	54 54
199	11 05	37 72	54 27
200	11 11	37 53	54
201	11 16	37 34	53 73
202	11 22	37 15	53 46
203	11 27	36 97	53 20
204	11 33	36 79	52 94
205	11 38	36 61	52 68
206	11 44	36 43	52 42
207	11 50	36 26	52 17
208	11 55	36 08	51 92
209	11 61	35 91	51 67
210	11 66	35 74	51 43
211	11 72	35 57	51 18
212	11 77	35 40	50 94
213	11 83	35 23	50 70
214	11 88	35 07	50 46
215	11 94	34 91	50 23
216	12	34 75	50
217	12 05	34 59	49 77
218	12 11	34 43	49 54
219	12 16	34 27	49 31

| RENDEMENT DES VINS. | | QUANTITÉ DE VINS qu'il | |
| SYSTÈME | | FAUT POUR FAIRE | |
ancien.	nouveau en litres 3/6 par hect. vin	une pièce de 6 hectol. 5/6.	une pièce de 6 hectol. 3/6.
220	12$^{lit.}$ 22$^{c.}$	34^{h} 12^{l}	49^{h} 69^{l}
221	12 27	33 96	48 87
222	12 33	33 81	48 65
223	12 38	33 66	48 43
224	12 44	33 51	48 21
225	12 50	33 36	47 99
226	12 55	33 21	47 78
227	12 61	33 06	47 57
228	12 66	32 91	47 36
229	12 72	32 77	47 15
230	12 77	32 63	46 95
231	12 83	32 49	46 75
232	12 88	32 35	46 55
233	12 94	32 21	46 35
234	13	32 07	46 15
235	13 05	31 93	45 95
236	13 11	31 80	45 76
237	13 16	31 67	45 57
238	13 22	31 54	45 38
239	13 27	31 41	45 19
240	13 33	31 28	45
241	13 38	31 14	44 81
242	13 44	31 01	44 63
243	13 50	30 89	44 44
244	13 55	30 76	44 26

RENDEMENT DES VINS.		QUANTITÉ DE VINS qu'il FAUT POUR FAIRE	
SYSTÈME			
ancien.	nouveau en litres 3/6 par hect. vin.	une pièce de 6 hectol. 5/6.	une pièce de 6 hectol. 3/6.
245	13ˡⁱᵗ. 61ᶜ.	30ʰ. 63ˡ.	44ʰ. 08ˡ.
246	13 66	30 51	43 90
247	13 72	30 38	43 72
248	13 77	30 26	43 55
249	13 83	30 14	43 37
250	13 88	30 02	43 20
251	13 94	29 90	43 02
252	14	29 78	42 85
253	14 05	29 66	42 68
254	14 11	29 54	42 51
255	14 16	29 42	42 34
256	14 22	29 31	42 18
257	14 27	29 20	42 02
258	14 33	29 09	41 86
259	14 38	28 98	41 70
260	14 41	28 87	41 54
261	14 50	28 76	41 38
262	14 55	28 45	41 22
263	14 61	28 54	41 06
264	14 66	28 43	40 91
265	14 72	28 32	40 75
266	14 77	28 21	40 60
267	14 83	28 11	40 45
268	14 88	28 01	40 30
269	14 94	27 90	40 15

RENDEMENT DES VINS.		QUANTITÉ DE VINS qu'il	
SYSTÈME		FAUT POUR FAIRE	
ancien.	nouveau en litres 3/6 par hect. vin.	une pièce de 6 hectol. 5/6.	une pièce de 6 hectol. 3/6.
270	15 lit. c.	27 h 80 l.	40 h l.
271	15 05	27 70	39 85
272	15 11	27 60	39 71
273	15 16	27 50	39 56
274	15 22	27 40	39 42
275	15 27	27 30	39 27
276	15 33	27 20	39 13
277	15 38	27 10	38 99
278	15 44	27	38 85
279	15 50	26 90	38 71
280	15 55	26 81	38 57
281	15 61	26 71	38 43
282	15 66	26 61	38 29
283	15 72	26 51	38 15
284	15 77	26 42	38 02
285	15 83	26 33	37 89
286	15 88	26 24	37 76
287	15 94	26 15	37 63
288	16	26 06	37 50
289	16 05	26 97	37 37
290	16 11	26 88	37 24
291	16 16	25 79	37 11
292	16 22	25 71	36 99
293	16 27	25 62	36 86
294	16 33	25 53	36 74

RENDEMENT DES VINS.		QUANTITÉ DE VINS qu'il FAUT POUR FAIRE	
SYSTÈME			
ancien.	nouveau en litres 3/6 par hect. vin.	une pièce de 6 hectol. 5/6.	une pièce de 6 hectol. 3/6.
295	16$^{\text{lit.}}$ 38$^{\text{c.}}$	25^{h} 44$^{\text{l.}}$	36^{h} 61$^{\text{l.}}$
296	16 44	25 36	36 49
297	16 50	25 27	36 36
298	16 55	25 19	36 24
299	16 61	25 10	36 12
300	16 66	25 02	36
301	16 72	24 94	35 88
302	16 77	24 85	35 76
303	16 83	24 77	35 64
304	16 88	24 69	35 52
305	16 94	24 60	35 40
306	17	24 52	35 29
307	17 05	24 44	35 17
308	17 11	24 36	35 06
309	17 16	24 28	34 94
310	17 22	24 20	34 83
311	17 27	24 13	34 72
312	17 33	24 05	34 61
313	17 38	23 98	34 50
314	17 44	23 90	34 39
315	17 50	23 82	34 28
316	17 55	23 75	34 17
317	17 61	23 67	34 06
318	17 66	23 60	33 96
319	17 72	23 52	33 85

RENDEMENT DES VINS.		QUANTITÉ DE VINS qu'il	
	SYSTÈME	FAUT POUR FAIRE	
ancien.	nouveau en litres 3/6 par hect. vin	une pièce de 6 hectol. 5/6.	une pièce de 6 hectol. 3/6.
320	17$^{lit.}$ 77$^{c.}$	23^h 45^l	33^h 75^l
321	17 83	23 38	33 64
322	17 88	23 31	33 54
323	17 94	23 23	33 43
324	18	23 16	33 33
325	18 05	23 09	33 22
326	18 11	23 02	33 12
327	18 16	22 95	33 02
328	18 22	22 88	32 92
329	18 27	22 81	32 82
330	18 33	22 74	32 72
331	18 38	22 67	32 62
332	18 44	22 61	32 53
333	18 50	22 54	32 43
334	18 55	22 47	32 33
335	18 61	22 40	32 23
336	18 66	22 34	32 14
337	18 72	22 27	32 04
338	18 77	22 20	31 95
339	18 83	22 13	31 85
340	18 88	22 07	31 76
341	18 94	22 01	31 67
342	19	21 95	31 58
343	19 05	21 88	31 48
344	19 11	21 81	31 39

RENDEMENT DES VINS.		QUANTITÉ DE VINS. qu'il FAUT POUR FAIRE	
	SYSTÈME		
ancien.	nouveau en litres 3/6 par hect. vin.	une pièce de 6 hectol. 5/6.	une pièce de 6 hectol. 3/6.
345	19$^{\text{lit.}}$ 16$^{\text{c.}}$	21$^{\text{h.}}$ 75$^{\text{l.}}$	31$^{\text{h.}}$ 30$^{\text{l.}}$
346	19 22	21 69	31 21
347	19 27	21 63	31 12
348	19 33	21 57	31 03
349	19 38	21 50	30 94
350	19 44	21 44	30 85
351	19 50	21 38	30 76
352	19 55	21 32	30 68
353	19 61	21 26	30 59
354	19 66	21 20	30 51
355	19 72	21 14	30 42
356	19 77	21 09	30 34
357	19 83	21 03	30 25
358	19 88	20 97	30 17
359	19 94	20 91	30 08
360	20	20 85	30